21世纪科学前沿 21st CENTURY SCIENCE

全球变暖 *Global Warming*

[英]祖西·霍奇 / 著　杨保林 / 译

华夏出版社
HUAXIA PUBLISHING HOUSE

图书在版编目（CIP）数据

全球变暖 /（英）祖西·霍奇（Susie Hodge）著; 杨保林译. ——北京：华夏出版社, 2017.1
（21世纪科学前沿）
书名原文：21st Century Science: Global Warming
ISBN 978-7-5080-8993-5

Ⅰ.①全… Ⅱ.①祖… ②杨… Ⅲ.①全球变暖—青少年读物 Ⅳ.①X16-49

中国版本图书馆CIP数据核字（2016）第252887号

21st Century Science: Global Warming
First published in 2010
under the title 21st Century Science: Global Warming by Tick Tock, an imprint of Octopus Publishing Group Ltd
Endeavour House, 189 Shaftesbury Avenue, London WC2H 8JY
Copyright © 2012 Octopus Publishing Group Ltd
All rights reserved.

版权所有，翻印必究。
北京市版权局著作权登记号：图字01-2012-8559号

全球变暖

作　　者	[英]祖西·霍奇
译　　者	杨保林
责任编辑	王占刚　许　婷
出版发行	华夏出版社
经　　销	新华书店
印　　刷	永清县晔盛亚胶印有限公司
装　　订	永清县晔盛亚胶印有限公司
版　　次	2017年1月北京第1版 2017年1月北京第1次印刷
开　　本	690×940　1/16开
印　　张	9
字　　数	70千字
定　　价	25.00元

华夏出版社　网址：www.hxph.com.cn　地址：北京市东直门外香河园北里4号　邮编：100028
若发现本版图书有印装质量问题，请与我社营销中心联系调换。电话：（010）64663311（转）

目 录 Contents

引 言

海冰与北极熊的饥饿 /003
什么是全球变暖？ /007
融化冰冠 /007

第一章　大气层

大气层 /014
臭氧层 /017
天气与气候 /017
沧海桑田 /018
最热的一天 /019
海洋效应 /022
水循环 /023
厄尔尼诺现象与拉尼娜现象 /024
太阳 /028
地球的气候 /029
冰川后退 /030

第二章　温室效应

热温室气体 /036

海底 /036
矿物燃料 /037
矿物燃料的形成 /038
煤 /039
石油 /039
天然气 /040
人造温室气体 /044
树木与森林 /045
全球变暖的发现 /048
更多的突破 /049
不断上升的海平面 /051
酸化的海洋 /054
石灰岩 /055
珊瑚礁 /055
危险的排放物 /060
人类造成的气体 /061
自然危害 /064

第三章　过去与未来

南极洲的冰核 /069

古代天气 /070
冰核分析 /070
树木的秘密 /072
数年轮 /073
横断面与内核 /073
拼凑起来 /076
天空之眼 /077
气球与浮标 /077
控制全球变暖 /081
二氧化碳是罪魁祸首吗？ /083
摧毁地球之肺 /083
自然事件 /087
从冰冷到温暖 /087
沧海桑田 /088

第四章　预测未来

云的形成 /092
变暖警告 /093
悬浮微粒 /094
全球暗化 /094
热，热，热 /098
重要的云团 /099
预报效应 /102
融化永久冻土 /103

预测问题 /107
洪灾与污染 /107
喘口气 /108
消失的物种 /108
人类健康 /111
植物与食物 /111
极端天气 /112

第五章　政府和你

承担责任 /116
快速行动 /117
我们来得及吗？ /119
政府行动 /119
环境计划 /122
争论与进展 /122
交易信用额 /124
未来的科学家 /127
新技术 /127
永久能源？ /131
压力下的星球 /135
未来的挑战 /135
我们该怎么办？ /136

名词解释 /138

引 言

受到威胁的北极熊

　　2004 年 11 月,新闻头版刊登的一个故事讲述了全球变暖的真实受害者。世界野生动物基金会的首席科学家拉腊·汉森博士警告说,如果气候变化不受控制的话,北极熊将会失去它们捕猎的场所,并最终在 21 世纪末灭绝。

全球变暖

▼ 北极冰融化一年比一年早,迫使饥饿的北极熊回到陆地并接触人类,而人类却捕杀它们。

▲ 科学家正在给一只失去意识的雌性北极熊测体重。在最佳的情况下，雄性北极熊体重达600公斤，雌性达350公斤。

海冰与北极熊的饥饿

在北极圈，这个位于地球最顶端的地区，有一片称为冰盖的海洋，这里常年冰天雪地。在冬春时节，冰冠周围的海水会结冰并且使大陆沿岸增高，期间北极熊会在北极海冰上捕食它们的主要猎物环斑海豹，它们会在海冰上行走数千米，或者从一块浮

引言 003

课题研究：

北极熊与全球变暖

研究内容：加拿大的科学家希望提供证据证明北极熊的体重每年都在减少，因为全球变暖，它们在北极冰面捕猎的时间越来越短。

研究团队：来自加拿大野生动物服务协会的尼克·伦恩博士率领的一个团队，世界野生动物基金会为其提供资金支持。

研究过程：尼克·伦恩博士和他的团队乘坐直升机沿着加拿大和阿拉斯加的海岸线飞

行，寻找海冰上面的北极熊。当发现北极熊时，他们着陆并且使用从镖枪射出的镇静剂将其麻醉。科学家对年龄在2岁至24岁的北极熊（北极熊的年龄可根据其牙齿状况判定）进行测量、称重，并将它们的总体状况记录下来。他们还给每一只北极熊都安装了具有独特数字的耳标。

研究结论：为了测量变化，科学家对新旧数据作了对比。他们每年都重复这一研究，对北极熊身体状况的变化做了全面的记录。研究团队发现，西哈德逊湾的北极熊数量极易发生变化，因为这里靠近北极熊活动范围的南部界限。这些北极熊的平均体重较轻，而且自1981年以来平均产仔量也较少。

全球变暖

冰游向另一块浮冰。当海冰在夏天融化的时候，北极熊会被迫回到岸上并且主要依赖身上的脂肪得以存活。现在，根据加拿大野生动物服务协会的科学家的研究，气候变化使海冰融化的日期每年都会提前，这就缩短了北极熊捕猎的时间，使它们面临饥饿的威胁。现在北极熊在春季捕猎的时间比20年前减少了3个星期左右。结果呢，科学家指出雄性和雌性北极熊的夏季体重在不断下降，而且雌性北极熊所产的幼仔也越来越少了。

▼ 地球的表面吸收一部分太阳辐射，也会反射出去一部分太阳辐射。全球变暖意味着吸收太阳辐射的平衡被打破了。

什么是全球变暖？

多年以来，环境保护主义者警告说我们的星球正在变得一天比一天热。燃烧矿物燃料时排放出来的气体，如二氧化碳，在地球的大气层中越来越多。正如其名称所示，这些温室气体就像是温室里的玻璃，采集了太阳的热量。科学家相信，这种温室效应正在使地球变得越来越热，并且导致了巨大的气候变化。

融化冰冠

长期以来，专家怀疑大气层中温室气体的累积所造成的北极气温的升高会导致北极海冰的削减。美国国家航空航天局的研究人员最近分析了一份20年的卫星测量记录，结果表明，除了海冰每年都比往常融化得早，覆盖北冰洋的永久性冰盖也在慢慢地消失。

▲ 这些图片显示的是1979年（上图）与2003年（下图）北冰洋的海冰密度最小值，美国国防气象卫星计划搜集数据制作了这些图片。

科学生涯……

约瑟菲诺·科米索博士在位于美国马里兰州的美国国家航空航天局戈达德航天飞行中心工作,他主要研究海冰——在大洋里形成并漂浮的冰。海冰不同于流动冰或冰盖,因为它含盐(是咸的)。几年之后,海冰会淡化,可以当成饮用水使用。

一日掠影……

自1978年以来,科米索博士和他的团队发现已有120万平方千米的原永久性冰层融化掉了。科米索博士的研究发现表明,永久性冰盖的融化速度大约是科学家所预想的三倍多——融化速度

全球变暖

每十年大约提高10%。如果继续以这个速度融化的话,地球表面的永久性冰层在21世纪末就会完全消失。北极的冰雪有助于控制地球的温度,维持陆地和海洋的热量和湿度。这些科学发现对全球气候类型也有所启示,科米索博士的目标是去发现这些变化是否与人类活动有关。

斯人斯语……

"北极的气候变化更大,因为明亮的白冰会把太阳光从地球表面反射出去。"

第一章 大气层

细胞生命

　　我们的星球外面裹挟着一层称作大气层的气体混合物,这一气层在距离地球表面大约700千米的高空与太空衔接。没有大气层的话,我们的星球会冷得无法令生命存在。大气层吸收来自太阳的热量并使地球保持温暖,同时还会防止我们受到紫外线或陨石的伤害,它也给我们提供呼吸的空气和饮用的水。

全球变暖

▲ 观测大气层的变化不仅使科学家增进了对世界的了解,而且使他们能预测未来臭氧层的变化。

大气层

科学家把大气层分为四个层面,我们生活在叫做对流层的最下层,这一层大约高6千米。对流层的气体大约占大气层中所有气体的3/4,包括水蒸气与浮尘。它受太阳的照射,但它的绝大部分热量来自地面的反射。我们所呼吸的空气是对流层的一部分,超过78%的空气是氮气,氧气大约占21%,所有生灵有了氧气才

能存活。其余的1%的空气由二氧化碳、水蒸气,以及极少量的氩气、氖气和臭氧组成。

对流层的上边是平流层,那里温暖干燥。中间层位于平流层之外,再往上就是热层。

▼ 科学家在南极向大气层中释放氦气球,这些气球会升入平流层的底部,它们每隔15分钟测量一次温度、压力以及方位。

21 全球变暖
st CENTURY SCIENCE

▲ 科学家警告说,如果全球变暖现象继续下去的话,发生在美国中部的龙卷风也会在世界的其他地方出现。

臭氧层

我们的大气层中当然存在臭氧,大部分臭氧位于平流层,它形成了一个保护层,吸收掉一部分太阳照射过来的危险的紫外线。现在的臭氧层已经没有以前那么厚了,氟氯烃等人造气体被释放到了大气层中,人们发现氟氯烃中的氯气破坏了臭氧,造成了臭氧空洞。

天气与气候

我们的星球具有各种各样的气候,无论是寒带气候还是热带气候,都受到许多不同因素的影响,包括太阳、洋流以及冰层。一个地区的气候是其在一段时期内的平均天气情况,它包括对这一时期所经历的所有天气情况的测量。长期的气候变化要很多年才能测量出来。

沧海桑田

现在,科学家指出全球变暖的许多有害影响已经开始出现,包括洪灾、干旱、海洋温度上升,以及飓风与龙卷风等极端天气现象。然而,天气与气候是无法预测的。在1918年至1940年间,那时世界的工业化还不太严重,当时就出现了一段时期的变暖现象,而在1940年至1965年间,那时人类的废气排放速度很快,气候却冷了下来。

最热的一天

2003年8月,欧洲许多地方经历了100多年有天气记录以来最热的天气。热浪与世界其他地方的超常天气——包括澳大利亚有史以来最严重的干旱以及美国的大洪灾——有关。世界气象组织于2003年7月发出警告说全世界的"极端天气事件有可能增加",他们将一系列疯狂的天气事件,如龙卷风等,与全球变暖联系了起来。

▼ 极端天气条件,通常由全球变暖所致,可能会引发洪灾。

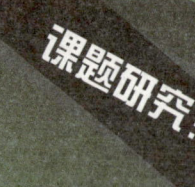

热浪与全球变暖

研究内容： 科学家寻找证据以便支持这一理论，即罕见的高温等级是由全球变暖引起的。

研究团队： 英国哈德利气象预测及研究中心是世界顶级科学团队之一，这里的研究人员正在研究气候变化带来的影响。

研究过程： 研究人员每年都会提供报告，对气候变化进行评估。例如，2004年，哈德利研究中心的科学家报道了发生在欧洲的热浪。他们研究了热盐环流——洋流——是如何将热带的热量带到其他地方的。受热盐环流驱动的其中一个洋流叫做墨西哥暖流，它将加勒比地区的暖水带到了北美的东海岸，然后横穿大西洋到达欧洲，造成了那里的暖冬现象。

研究结论：假如融化了的冰层影响到墨西哥暖流的话，大洋环流将会终止，整个北半球将会变冷，这会造成比全球变暖更严重的问题。

海洋效应

海洋覆盖了地球表面70%左右的面积,并且占有大约97%的地球水资源。海洋能吸收来自太阳的热量。由于水升温或降温要比陆地慢,沿海地区在冬季会受较热的海洋气流的影响而变热,在夏季又会受较冷的海洋气流的影响而变冷。洋流也会对气候造成影响,它们会把温暖地区的暖水带到寒冷地区,还会使风变热。

▼ 异常天气状况导致异常事件的发生,1998年,位于美国加利福尼亚州的死亡谷有鲜花盛开,这是由太平洋的厄尔尼诺现象引起的降雨造成的。

水循环

有些暖水会从海洋、大海、湖泊以及河流中蒸发掉,植物也会通过蒸腾作用向空气中散发水分。空气中的水蒸气会最终凝结并形成云团里的小水珠。当云团与陆地上空的冷空气相遇时,就会形成降水,水又会以雨、冻雨或雪的形式回到陆地上(或海洋里)。有些渗入地下并停留在岩石和黏土层之间,变成地下水,大部分则会流下山并最终回到海洋里。

厄尔尼诺现象与拉尼娜现象

　　一些科学家认为全球变暖正在影响天气类型，如厄尔尼诺现象与拉尼娜现象。每隔几年，太平洋的大面积暖水会向东流向南美洲沿海，这一流动会更改洋流，改变气流类型，在大半个地球上造成暴风雨和干旱现象，这一现象被称作厄尔尼诺现象，厄尔尼诺在西班牙语中的意思是"小男孩"。厄尔尼诺现象从始至终大概持续18个月。厄尔尼诺的逆反现象被称作拉尼娜现象，拉尼娜在西班牙语中的意思是"小女孩"，它比厄尔尼诺现象发生的频率少一半。目前还没有人确定是什么造成了厄尔尼诺现象和拉尼娜现象，是什么导致某些事件一次比一次严重。

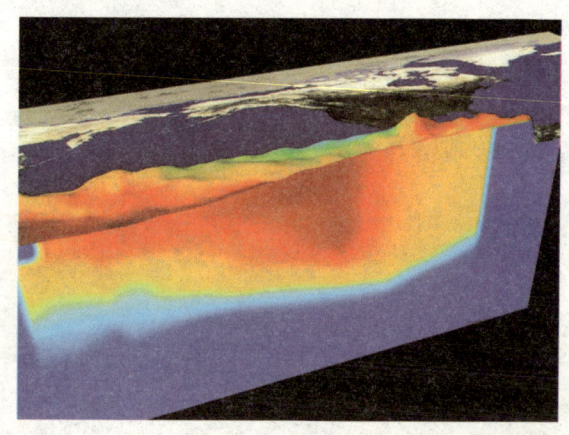

▶ 这一模型展示了厄尔尼诺现象发生期间太平洋的高温及海平面情况。

科学生涯

美国哥伦比亚大学的马克·凯恩就海洋学和气候学的诸多话题撰写了200多篇论文。1985年，他和同事斯蒂芬·泽比亚克开创了一个预报厄尔尼诺现象的方法。泽比亚克—凯恩模型一直被许多研究人员当做主要工具，用以增进对厄尔尼诺现象的科学理解。

一日掠影……

在30多年里，凯恩博士一直致力于研究热带海洋学、气候模型、古气候、气候对社会的影响、厄尔尼诺现象等。在与史蒂芬·泽比亚克共同开发计算机模型时，他首次成功地预报了1985

全球变暖

年的厄尔尼诺现象。借助1982—1983年、1997—1998年以及2009年的各类厄尔尼诺现象类型,他就厄尔尼诺现象对人类活动——尤其是农业——的影响也做了大量的研究。

斯人斯语……

"我们开始了解并预报厄尔尼诺现象和南方涛动现象。数十年来,许多研究人员都把泽比亚克-凯恩模型当做主要工具,用以增进对厄尔尼诺现象和南方涛动现象的理解。要预报就会有人问怎么做的问题,所以我开始对厄尔尼诺现象与其他气候变化给人类活动——尤其是给农业和健康——造成的影响进行研究。"

▲ 北半球在6月倾向太阳,所以美国的纽约进入夏季,而澳大利亚的悉尼进入冬季。

21 全球变暖

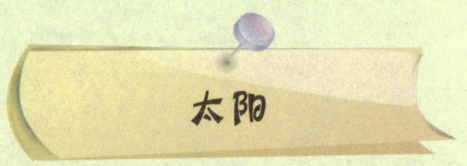

太阳

对一个地区的气候影响最大的是该地区与太阳的距离,地球上最靠近太阳的地方一年四季都是高温。地球的绕日轨道创造了季节性气候。在6月,北半球向太阳一侧倾斜,因而会比南半球接收到更多的阳光与温暖。到了12月,地球围绕太阳运行了一半的

▶ 一名科学家在位于北极的研究基地监测太阳活动。

路程，这时候，南半球向太阳一侧倾斜，而北半球则倾向另一侧。

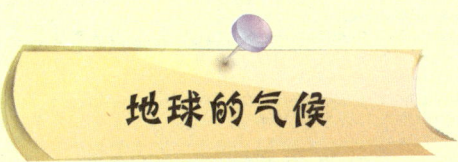

地球的气候

地球的气候在地球形成的45亿年里发生了极大的变化。冰河时代出现过许多次，最近的一次是在大约1.5万年以前结束的。

当时有大量的水冻结成为陆地上巨大的冰盖,海平面要比现在低100多米,北美和北欧的大部分地区都被冰川覆盖。人们认为冰河时代是由地球轨道及其倾向太阳的变动引起的。科学家预测说1万年后可能会出现下一个冰河时代。人们使用了各种各样的方法来搜集气候数据,用工具测量气温、降雨量、风速及风向、大气压力。物理及生物数据为过去的气象条件提供了化石证据,卫星监测每天的天气条件和长期的气候变化。

冰川后退

除了澳大利亚,其他大洲都有冰川存在。自1850年以来,冰川一直都在缩减,这给依赖冰川水源生存的许多动植物造成了许多问题,也影响了海洋的水平面。在1950年至1980年之间,全球气候轻微转冷,冰川后退的速度放缓,甚至出现了逆反现象。然而,自1980年起,全球变暖使得冰川后退的速度大幅增加,许多冰川已经不复存在了。

臭氧空洞

研究内容：科学家详细研究不断减少的臭氧，以便弄清楚它是怎样影响地球的气候的。

研究团队：来自美国国家和海洋大气局的科学家团队。

研究过程：美国国家和海洋大气局的科学家长期测量全世界臭氧层的变化。实验室调查、大气观测以及其他研究已经让人明白了臭氧层及其对紫外线辐射的影响。气候变化与臭氧空洞是有联系的，因为臭氧层在使地球免受来自太阳的紫外线照射的过程中起着至关重要的作用。臭氧空洞在许多地方都会发生，但在两极地区最为严重。这些地区接收的太阳光线的总量要比其他地方多得多。

研究结论：美国国家和海洋大气局的科学家发现人造气体引起了臭氧空洞，这一现象自20世纪70年代末期一直持续至今。现在对臭氧有益的气体已经代替了对臭氧有害的气体。科学家也测量了这些在大气中积累的气体，以便弄清楚它们是否会影响气候。

第二章 温室效应

热量收集

　　温室效应使得地球暖和得足以维持生命存在，但是，如果温室效应加剧的话，气温上升有可能给地球上的所有生物造成问题。近些年来，排放到大气中的二氧化碳与甲烷持续增多，这已经改变了大气中各类气体的微妙平衡，并且可能加剧温室效应。

▼ 全球变暖的影响可能会产生灾难性后果。科学家宣称如果气温上升4摄氏度，85%的亚马逊雨林就会消失。

热温室气体

自然产生的最主要的温室气体是水蒸气，它主要来自河流、湖泊、大海与海洋，但也有一部分来自动植物。平流层中的气体会捕获任何从水蒸气中逃离的热量，二氧化碳是其中最重要的气体。有些自然事件，如火山喷发，会排放大量的二氧化碳。除了二氧化碳，源自大自然的其他气体也会造成温室效应，例如，沼泽和湿地中的腐烂植物会释放甲烷，而热带雨林则会释放一氧化碳。

海底

沉积物是在海洋、大海、湖泊以及河流底下由土和岩石长期积累而形成的。在几千年里，沉积层会与其他物质凝结成块。科学家通过研究沉积层，可以更多地了解以前的气候。他们搜

◀ 科学家从海床中搜集到一块沉积岩心，他们会将其带回实验室进行研究，以便弄清楚以前的气候状况。

集并研究取自湖泊或沼泽地的沉积岩心，发现了花粉（证明以前的植物变化）、木炭（证明火情历史）、水藻（证明以前的水平面和他们所研究的水体中的营养变化）。

矿物燃料

人类使用的三种矿物燃料，即煤、石油与天然气，增加了温室气体的排放。矿物燃料提供了占世界总量大约66%的电能，满足了95%的地球能源需求，包括取暖、运输及烹饪。它们都

21 全球变暖

▲ 工业国家85%以上的能源需求靠使用矿物燃料解决。

是不可再生资源——我们一旦将它们燃烧殆尽，将永远不能使其恢复。

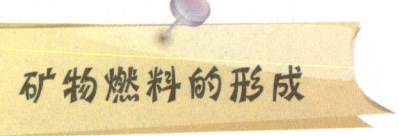

矿物燃料是在距今约2.86亿年至3.8亿年前的石炭纪——在恐龙时代之前——形成的。当时，陆地上遍布着沼泽、树木与多叶植物，植物死后会陷入地下并最终形成泥炭层。沙子、岩石、泥

土与其他矿物质覆盖了泥炭,并将其中的水排挤掉,几百万年之后就变成了煤、石油与天然气。

煤是一种坚硬、色黑,类似于岩石的物质,它由碳、氢、氧、氮以及一些硫黄组成。煤的种类主要有三种:无烟煤、生煤和褐煤。无烟煤最硬,碳含量也高;褐煤最脆,碳含量较低;生煤介于二者之间。

古埃及人把石油当做药物用以涂抹伤口,也用它来点灯。在北美洲,印第安裔美国人也把石油当成药物,还把石油涂在独木舟上防水。石油(与天然气一样)存在于地底下的岩石夹层中。

▲ 从石油钻井里开采出来的浓稠漆黑的原油被运往炼油厂，在那里，原油被用来制造香皂、肥料、衣物及塑料制品。

天然气

大约在公元前6000年至公元前2000年之间，伊朗首先发现了天然气。天然气主要由甲烷构成。

科学生涯

詹姆斯·萨科斯是一名研究地球与行星科学的教授,他来自位于美国圣克鲁斯的加利福尼亚大学。在许多不同的研究中,他对化石中的化学成分进行测量,以便重新构建过去发生在海洋中发生的变迁。

一日掠影……

萨科斯教授在研究引起全球气候发生短期或长期变化的因素。为了搜集数据,他和他的团队在太平洋和大西洋海底钻取沉积物。这使得他们对以前释放到大气层中的天然温室气体的数量有了新的认识。萨科斯教授发现，在5500万年以前，甲烷和二氧化碳的大量释放使地球气温上升了5摄氏度左右。最早的哺乳动物也在同一时期出现，但目前还不清楚二者之间有无联系。

斯人斯语……

"当前，人类活动释放的温室气体比从前要快30倍左右。导致现在的全球变暖的排放物可能持续了1万年。通过燃烧矿物燃料，我们可能在未来30多年里排放等量的温室气体。"

▲ 为了开拓土地,发展农耕,森林被快速烧毁,由此排放出来的二氧化碳在过去的200年内急剧增长。

21 全球变暖

▲ 仅仅为了一些原木,大量的雨林被摧毁,重机械造成了巨大的破坏。

人造温室气体

自从19世纪工业革命以来,发达国家一直在使用矿物燃料。自1900年以来,每过20年,对矿物燃料的消费几乎会成倍地增长。通过燃烧矿物燃料以及砍伐树木,我们会把二氧化碳释放到大气层里,在那里二氧化碳可以存在200多年。

树木与森林

采伐森林也会增加空气中的二氧化碳量。木材腐烂时会慢慢地释放碳，但是，当它燃烧的时候，大部分碳会以二氧化碳的形式迅速逃离。每年，为了耕种，或出售盖房用的木材、种植庄稼以及发展工业，人们会采伐森林，这使得世界上的雨林正在以令人震惊的速度消亡。

全世界一半的雨林已经被毁灭了。据估计，每隔2.5分钟就有1平方千米的雨林被毁灭。专家指出，由于采伐森林，每天我们都会至少失去137种植物、昆虫和动物种类。

另一方面，活着的树会从大气层中吸收二氧化碳并将其贮存下来，同时向大气层释放氧气。随着树木的减少，更多的二氧化碳没法从空气中移除。当前，大气层中的二氧化碳含量是有史以来的最高值。然而，也有人发现，即使在未受人类影响的森林里，额外的二氧化碳也在影响环境的变化，使得某些树木与植物长势很好。

研究内容： 科学家希望证明大气层中额外的二氧化碳使树木的生长更加繁茂。

研究团队： 生物学家威廉·劳伦斯与来自巴拿马的史密斯森热带研究所的科研团队。

研究过程： 这个团队用了20年的时间，在位于南美洲的亚马逊中部地区的原始森林里调查了大约3.2万棵树。他们在18个面积为1公顷的试验地里辨识了将近1300个树种，并长期反复检查和测量每一棵树。这些数据能使他们评估不同树种之间的变化。

研究结论： 在过去的20年里，大树生长速度加快，而小树生长速度减慢。在200年里，二氧化碳含量增长了30个百分点。科学家推测，不断增高的二氧化碳含量为雨林提供了养料，增加了树木对光线、水分和土壤里的养料的竞争。因此，长得快的树超过了长得慢的树。

全球变暖的发现

  1824年，法国数学家、物理学家让·巴蒂斯特·约瑟夫·傅立叶首先提出了温室效应这一说法。他把地球的大气层比作一个巨大的钟形容器，他认为大气层中的气体有助于捕捉一些从地球表面反射出来的太阳热量。

▲ 1994年，瑞士的斯坦格莱士冰川。冰由压实的降雪形成，它慢慢往前移的过程中把岩石也带到下方去了。

更多的突破

1896年，瑞典科学家斯万特·阿列纽斯宣称人们在燃烧矿物燃料时释放出来的二氧化碳增加了地球的平均气温。到了20世纪50年代，科学家发现大气层中二氧化碳的积累有可能导致全球变暖，而且二氧化碳含量一直在增加。人类活动把灰尘和烟尘抛入

大气层，这有可能阻挡阳光并使地球变冷。科学家发现其他气体的含量也在增加，这加速了全球变暖，损害了大气层中具有保护作用的臭氧层。到了20世纪70年代末，全球气温似乎增长得更快了，全世界的科学家都告诫说人类应该采取措施减少温室气体的排放。

▼ 2006年，瑞士的斯坦格莱士冰川。近些年的全球变暖加剧了全世界冰川融化的速度。

不断上升的海平面

2005年11月,科学杂志《自然》宣称现在大气层中的二氧化碳总量已经比过去几千年里的总量高出许多。该杂志中的另外一篇文章指出,在过去的150年间,海平面上升的速度比前几个世纪上升的速度还快2倍。科学家经过计算发现,近期全球平均气温的升高造成了热扩散以及冰川融化,其结果是海平面每年都会上升2毫米。

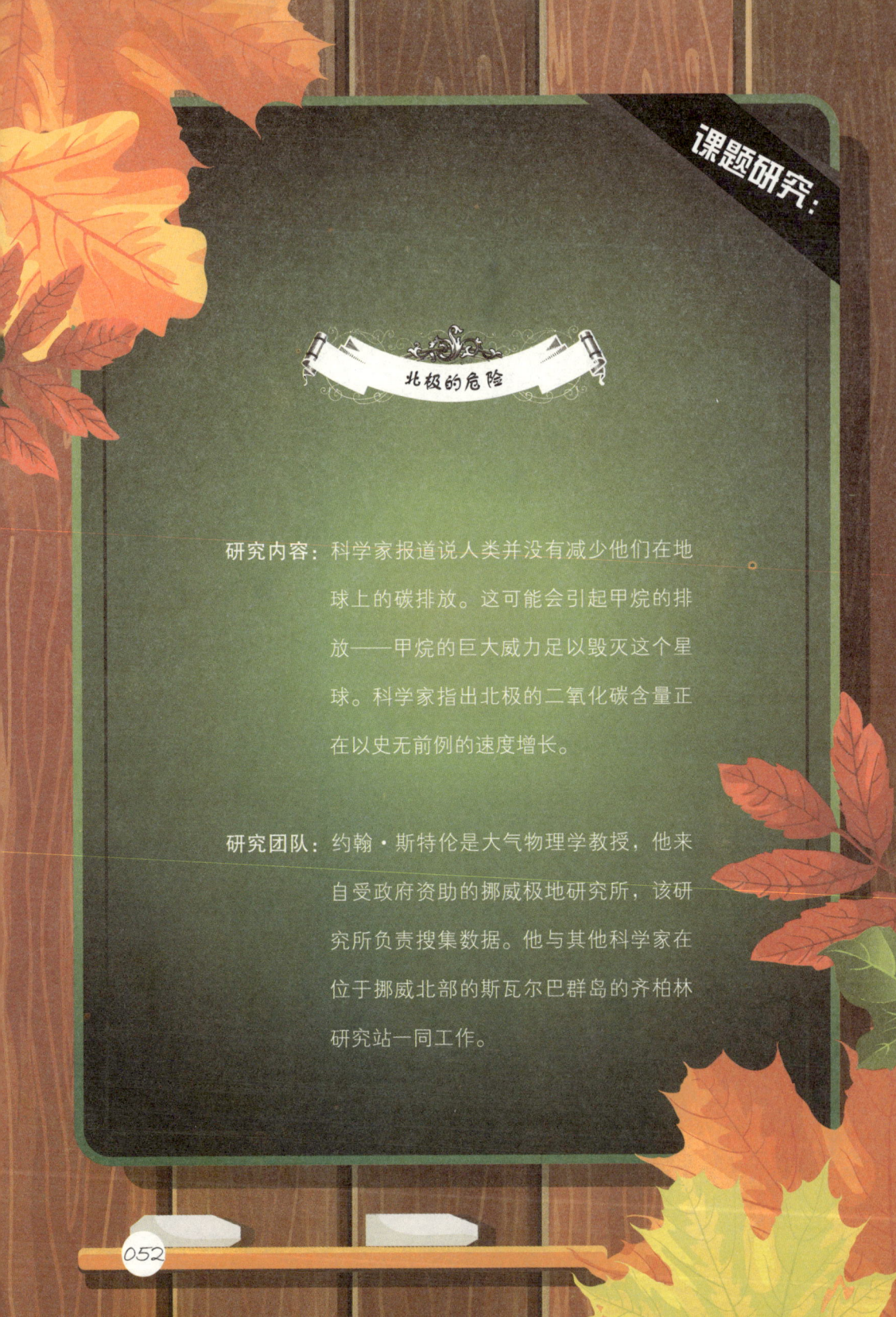

课题研究：北极的危险

研究内容： 科学家报道说人类并没有减少他们在地球上的碳排放。这可能会引起甲烷的排放——甲烷的巨大威力足以毁灭这个星球。科学家指出北极的二氧化碳含量正在以史无前例的速度增长。

研究团队： 约翰·斯特伦是大气物理学教授，他来自受政府资助的挪威极地研究所，该研究所负责搜集数据。他与其他科学家在位于挪威北部的斯瓦尔巴群岛的齐柏林研究站一同工作。

研究过程：科学家搜集的数据表明，大气层中主要的温室气体二氧化碳正在以令人吃惊的速度增加。在位于挪威北部的斯瓦尔巴群岛的齐柏林研究站，二氧化碳水平呈现出比全球平均水平高得多的趋势，而科学家指出，他们测量出来的水平甚至在该地区也是史无前例的。

研究结论：约翰·斯特伦说这些都是50年里最高的数字。二氧化碳水平并不是真正的问题，因为地球将会慢慢适应。真正令人担忧的是变化速度，现在要比10年前或20年前快很多。

21 全球变暖

▲ 在所有海洋栖息地中，最美的就是珊瑚礁了。珊瑚为许多动物提供庇护所，如海绵、鱼、虾蟹和海龟。

酸化的海洋

世界上的海洋酸性越来越大，因为它们吸收了一些我们排放出的二氧化碳。海洋吸收了一半在过去的200年间产生的二氧化碳，二氧化碳与海水发生反应就会产生碳酸。

石灰岩

酸性的海洋会威胁到许多海洋生物——包括蚌、蛤、蚝、珊瑚，这些动物从海水中获取碳酸钙以便生成壳和骨。当这些生物死去的时候，它们的壳和骨会堆积在海床上。浪的作用是将其变成更小的碎片，形成碳酸砂岩或碳酸泥。几百万年以后，这些沉积物会硬化成为石灰岩。粉笔就是一种石灰岩，由微生物的贝壳形成，但在酸性条件下是很难制造出粉笔的。到2065年的时候，海洋中将没有一个地方会有条件能让珊瑚制造碳酸钙了。

珊瑚礁

色彩鲜丽的珊瑚礁是由称作珊瑚虫的微小动物聚集在一起组成的。尽管珊瑚礁和岩石一样坚硬，但它们对温度变化和酸碱度极其敏感，并会因此而死亡。如果具有钙质贝壳和骨头的生物减少的话，那么目前海洋中的鱼类会大幅减少。

▼ 如果海水过热的话，珊瑚会轻易生病，甚至死亡。

科学生涯

凯瑟琳·里卡德松教授是丹麦哥本哈根大学的海洋生态学家，她研究海洋生命与海洋环境，并且监测自然海洋体系，她的关注点是海洋中的生物进程对于吸收大气层中的二氧化碳的重要性。

一日掠影……

2006年，里卡德松教授和她的团队研究了大气层与海洋之间的碳交换。因为海洋中的碳含量是地球大气层中碳含量的50倍，他们也研究了人类在燃烧矿物燃料和采伐森林时排放到大气层中的额外的二氧化碳。他们认为海洋无法继续吸收这么多的二氧化碳，他们也在绘制全球碳转换的图形，以便预测未来的气候变化。

斯人斯语……

"海洋生物对人类贡献极大，它们吸收了一半我们制造出来的二氧化碳。如果我们使它们灭绝了的话，那个过程就会停止。我们正在改变整个海洋的化学体系，却对其后果一无所知。"

危险的排放物

人类在全球气候变化中起什么作用,一直众说纷纭。有些人认为自然进程,如火山喷发和地球倾斜,对大气层的影响比人类的气体排放要大得多。

▼ 二氧化碳、丙烷和丁烷都被制作成喷雾容器中的压缩气体。这些温室气体会导致全球变暖,而且都对环境有害。

人类造成的气体

　　自从人们进行农耕活动以来，生长的农作物和腐烂的蔬菜就一直在释放大量的甲烷。但是，到了20世纪50年代，氟氯烃又成为一种新的温室气体。氟氯烃不仅来自于冰箱和空调的冷冻剂，

21 全球变暖

▲ 火山的尘土和灰烬能够遮挡阳光，从而降低全球的平均气温。

第二章 温室效应

而且来自喷雾容器和某些泡沫包装。尽管进入大气层的氟氯烃的数量远少于其他温室气体,但它的影响却是难以估计的。有些科学家甚至认为氟氯烃有可能使大气冷却。

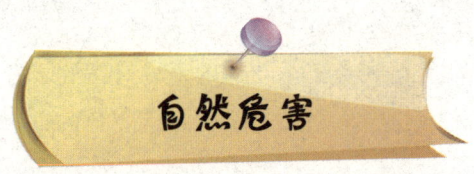

自然危害

自然事件,如洋流转向、地球上太阳辐射总量的变化以及火山喷发,都可能影响气候。举例来讲,火山喷发会把大量的二氧化硫、水蒸气、烟尘与灰烬送入大气层,遮挡住一部分太阳光线,从而导致气候变冷现象的出现。火山活动也许也就持续几天的时间,但它会影响到随后几年的气候状况。气候变冷的程度与持续时间取决于喷射出来的尘粒的数量与规格。

科学生涯

德鲁·辛德尔博士是一位气象学家,他来自位于美国纽约的美国国家航空航天局戈达德研究所空间研究部门。2004年,他被授予美国科学界50大科学家奖。他的研究涉及全球气候变化、气候变异度以及大气化学。他研究臭氧空洞、气候变化以及二者之间的关系等诸如此类的化学变化。

一日掠影……

除此之外,辛德尔博士与他的团队不仅研究太阳变化对气候的影响,而且研究火山喷发出来的很快会消失的气体及天然排放物。他们惊讶地发现，臭氧对北极变暖的影响要比当初设想的大很多。在平流层，臭氧有助于防止地球遭受太阳辐射的损害，但在靠近地面的地方，它会引起呼吸系统的问题，损害农作物，并且还会加速全球变暖。

斯人斯语……

"我们原来认为臭氧所起的作用并不大，但是，我们的最新发现表明，在北极地区，臭氧对气候变暖现象负有近乎一半的责任，这真令人吃惊。"

第三章　过去与未来

历史之窗

　　人类对天气与气候状况的精确记录只有150年。为了弄清楚从前的气候变化，许多研究团队不畏艰难，在世界上极为寒冷的温度下以及极其恶劣的狂风中钻取冰层样本或冰核。这些东西给科学家提供了了解过去的重要窗口。

全球变暖

▼ 取自南极洲和北极的冰核样本被储存于零下36摄氏度的条件中。

▲ 一名科研人员在测试一份取自南极洲的冰核样本，她使用的设备能够检验冰核中的空气构成。

南极洲的冰核

　　冰核是直径约为15厘米的圆柱形冰块。搜集冰核需要钻探到冰层深处，钻取上来的冰核长度约为3米。海因茨·米勒博士是一位地球物理学家，他在欧洲南极冰核项目研究所工作，与来自十个欧洲国家的研究者组成的团队合作，他们已经钻探到南极洲冰层下面的基岩。他们将一段一段的样本复原成为一条长达3000米

第三章　过去与未来

的冰核,其中包含的气候记录可追溯到100万年以前,每2.5厘米代表着一个季度的冰层构成。

古代天气

降雪会携带大气层中的化学物质和颗粒物。先前降下的雪会变成地上的冰,并捕获一些微小的气囊。成千上万年前的降雪在南极洲受冻成冰,形成了地球气候的编年记录。冰与气囊中捕获的气体、化学物和颗粒物能让科学家发现从前气候是如何应对温室气体的变动的。

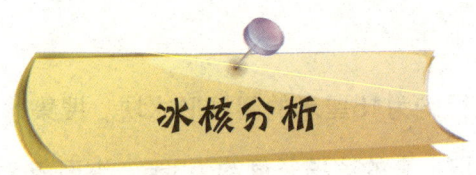
冰核分析

在分析冰核的时候,诸如二氧化碳、氢、氧、甲烷等气体的浓度能够揭示冰河时代的长度以及全球高温的阶段。科学家可以

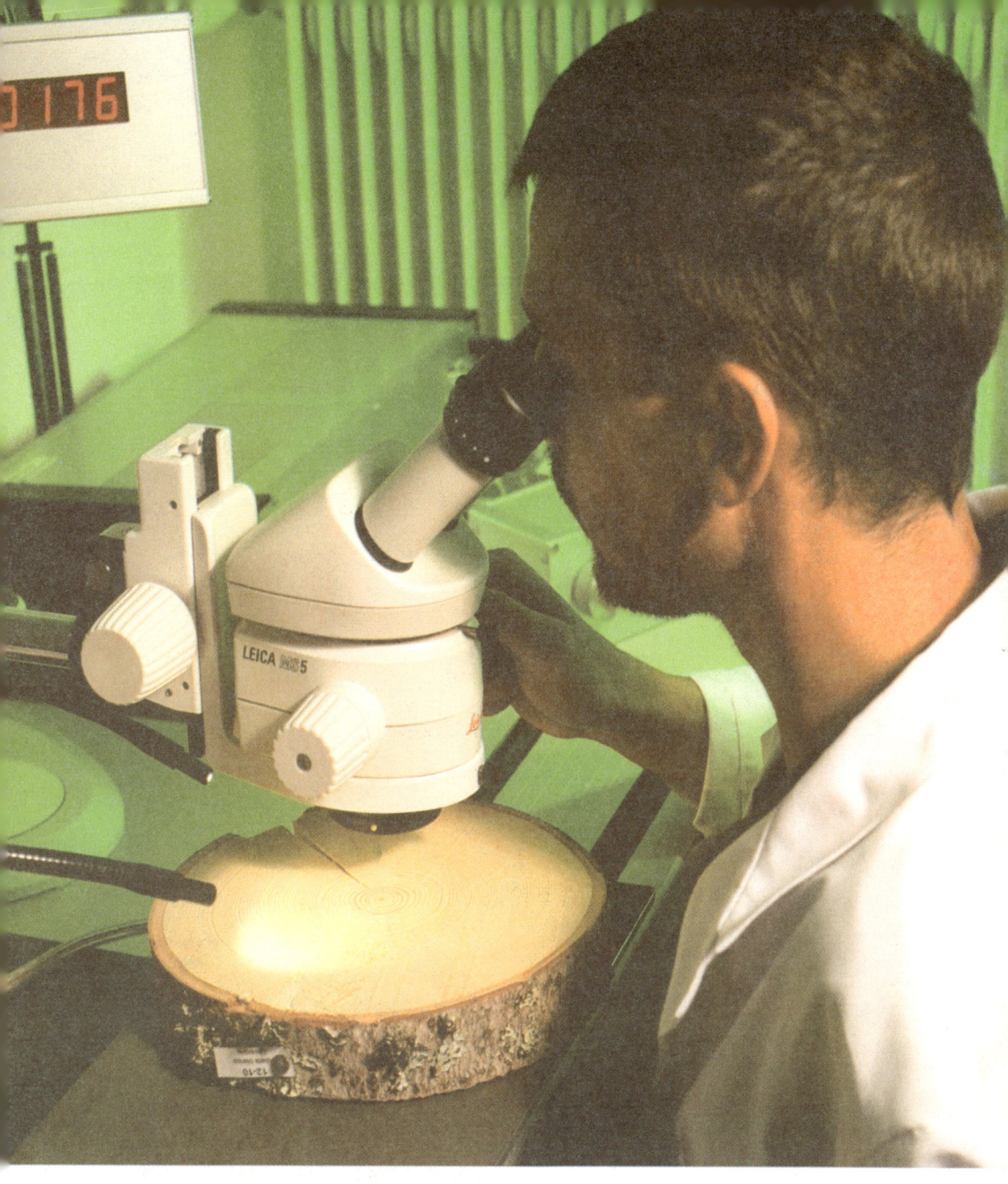

▲ 科研人员在使用显微镜数银枞树木的年轮。一圈对应半年,该树的年轮可以据此计算出来。

第三章 过去与未来

把现在的气候和大气组成与过去的进行对比,并且对未来趋势作出预测。

冰核分析有助于科学家弄清楚哪些全球气候变化是自然发生的,哪些全球气候变化又是人为造成的。许多科学家指出人类对矿物燃料的消费正在改变地球的气候,但其改变程度一直是众说纷纭。

树木的秘密

有些科学家研究树的年轮以便了解气候,许多树活了几百年,所以树的年轮可以提供未被记录下来的气候信息。

▶ 2001年,在蒙古研究高山林的树木年轮的科学家发现该地区的气温处于21世纪最高水平。

数年轮

树干内部形成了不同色度的年轮，每一个色度对应了树的一段生长周期。春末夏初的时候，树生长较快，年轮的色度较浅；夏末秋初的时候，树生长较慢，年轮的色度较深。这就意味着，一浅一深两个色度合在一起就代表了一年。数年轮就能计算出树龄，生长模式揭示了树经历过的各类状况。

横断面与内核

科学家既通过横断面来读取树的年轮，也通过取自于树干的内核来读取树的年轮。读取死树用的是横断面，而读取活树用的是内核。取内核的时候，要用工具钻入树干，取出一小片显示年轮的木头，用这种方法读取树的年轮不会使树死亡。

研究内容： 科学家研究树的年轮，是为了提供过去成百上千年里——那时候还没有记录数据——气候变化的证据。

研究团队： 包括戈登·雅各比博士和罗桑·达里戈博士在内的团队，他们来自树木年轮实验室，该实验室位于美国纽约哥伦比亚大学的拉蒙特-多尔蒂地球天文观测站。

研究过程： 团队研究了亚洲蒙古中西部山区的古西

伯利亚冷杉，他们计算出了自公元262年起至今每年的气温。

研究结论：这些研究发现有助于填补气候数据方面的一项重大空白，在这个世界的偏远地区——亚洲北部——几乎没有任何过去的气候记录。团队发现，自19世纪10年代中期以来，平均来看，树的年轮宽度一增加，全球气候也变得更为暖和。研究结果表明，蒙古的气温在20世纪达到最高值。这些搜集到的证据表明这一时期温室气体的积累数量是显著的。

21 全球变暖

▲ 雨云气象卫星拍摄的一张照片显示,在俄罗斯堪察加半岛附近的白令海正在形成一场强大的暴风雨。

拼凑起来

300多年来,气象学家在气象站利用各种工具记录下了气温、降雨和气压的变化。这些工具有温度计、雨量测量器和气压计。

天空之眼

自1960年起，科学家也利用卫星来了解地球大气层的功能。卫星能绘制出地球表面状况的全球性图像，连边远地区也能包括在内。卫星能让气象学家更加准确地预报天气情况。地球的图片每隔半小时就能传输到气象站。

气球与浮标

为了掌握对流层的资料，气象学家会使用一种叫做无线电探空仪的工具，由气象气球带到空中。它可以测量温度、压力和湿度的变化。有个无线电发射器会把数据发送回气象站，再由一台电脑记录下来。在海拔30千米左右的地方，气球会爆炸，但降落伞会把无线电探空仪送回地面。气象学家使用一种特殊天线跟踪每个无线电探空仪，并会测量不同海拔的风速和风向，这叫做无线电探空测风仪。无线电探空仪和无线电探空测风仪每隔12小时观测一次。船舶也在海上报道天气情况，有些释放气象气球，有些则释放海洋浮标来记录并传输海平面的气象资料及其他变化信息。

▲ 这个位于苏门答腊附近海域的浮标是海啸预警系统的一部分。

课题研究:

气候变化与极地冰

研究内容:卫星观察,再加上古今气候变化的资料,有助于预测未来气候的变化。

研究团队:爱德华·汉纳博士是英国谢菲尔德大学地理系气候变化方向的讲师,他常与美国(包括美国国家航空航天局)、比利时和丹麦的科学家一起工作。

研究过程:利用冰河学及气候学设备,包括飞行器激光勘测和卫星数据,汉纳博士能

第三章 过去与未来

够计算出当前格陵兰岛冰层的面积及其对海平面变化的影响。卫星能够探测到地球表面自然散发的热量和微波，也能探测到冰层的融化。

研究结论：自20世纪90年代初以来，格陵兰岛的温度上升了2—3摄氏度，这加快了冰层融化的速度。其中有些变化可能是由人类活动导致的温室气体增加而引起的。

▲ 由雨林开垦出来的土地没几年就会变得贫瘠不堪，农民不得不继续前进。

控制全球变暖

　　人类是否造成了全球变暖，这是现在最具争议的话题之一。为什么有些科学家不同意这种说法，原因很多。除了所有研究，气候变化和全球变暖的确切原因也很难证实。

21 全球变暖
st CENTURY SCIENCE

▼ 大部分城市的用电都是利用煤等矿物燃料来发动的。

二氧化碳是罪魁祸首吗？

一旦二氧化碳被排放到大气层中，它会在那儿停留100年左右。二氧化碳产生的原因很多，除了燃烧矿物燃料和采伐森林，人类和其他动物呼气的时候以及植物腐烂的时候都会自然产生二氧化碳。自上世纪以来，世界人口涨到了以前的3倍，矿物燃料的使用大幅增加，大气层中的大部分二氧化碳就是这一增长的产物。

摧毁地球之肺

科学家一致认为采伐森林会造成气候与环境的失衡。热带雨林曾经覆盖了地球14%的陆地面积，而现在仅剩6%了。雨林一直被称为"地球之肺"，因为树木会吸收二氧化碳，然后将氧气释放到大气层中。破坏雨林打破了这一平衡，更多的二氧化碳因此停留在大气层里，而释放的氧气却减少了。当树木被烧毁时，会释放出更多的二氧化碳。据估计，大气层中1/5到1/3的二氧化碳来自雨林破坏。

科学生涯

特德·盖腾博士是英国莱斯特大学生物系的首席学术主任。

一日掠影……

盖腾博士是南冰洋上英国皇家地理协会考察船"詹姆斯·克拉克·罗斯"号上的考察团成员。考察团的目的在于查实磷虾在地球上迅速变暖的地方大量减少的原因。他与他的同事、来自莱斯特大学遗传学系的埃齐奥·罗萨托博士及哈拉兰博斯·基里亚库教授,还有来自剑桥英国南极勘查所的杰兰特·塔尔林博士，一起调查了决定磷虾行为的因素，以及该行为对气候变化的影响。

斯人斯语……

"南极磷虾是地球上数量最多的物种。然而，最新研究表明它们在南冰洋的数量急剧减少，尤其是在斯科舍海域……磷虾是大多数决定南极海洋生态体系的动物的主要食物……它们对生态体系十分重要，它们因全球变暖而减少，正是这些原因促使科学家越来越关心它们的行为以及该行为背后的遗传学因素。"

全球变暖

▼ 植物需要阳光、水、土壤中的养料以及合适的温度,以便生长。了解不断提高的二氧化碳水平对植物生长所起的作用是十分重要的,否则,未来可能会发生食物短缺现象。

自然事件

许多科学家认为气候变化是一个自然现象,他们认为由于每年由人类燃烧矿物燃料而排放到大气层中的二氧化碳量只占自然排放量的3%,所以没必要担心。他们还指出,历史上气候一直在变化,很久以前人类就使用矿物燃料了,自然的地质进程能使一切相平衡。

从冰冷到温暖

在最后一个冰河时代,北欧和北美的大部分地区被冰川所覆盖,南美洲的亚马逊地区大多是稀树大草原,这一时代大约在1.5万年以前结束。自然的气候改变开始融化冰川,使海平面上升了100米左右,充沛的降雨催生了亚马逊盆地雨林的生长。除了几次逆流,变暖持续了下来,直到许多未结冰的地方都被森林覆盖,这样固定住了二氧化碳,产生了新的富含碳的土壤。

沧海桑田

在中世纪，北欧的温度跟现在差不多，农业十分发达。接着小冰期来临，大约在1400年到1900年间，许多人死于疟疾，格陵兰岛上的维京人定居点完全消失了。从1915年到1945年，气温上升了0.4摄氏度，接下来的20年又下降了0.2摄氏度，在20世纪剩下的几十年里，气温又上升了0.4摄氏度，使得20世纪的气温总共上升了仅仅0.6摄氏度。

科学家指出，假如把二氧化碳从大气层中全部去除，气温就会下降10摄氏度。但是没有二氧化碳的话，就不会有光合作用促使植物生长，也就不会有食物。气温增高会引起大气层中二氧化碳含量的增高，而不是降低。

▲ 毛象完全适应了15万年前最后一个冰河时代的寒冷气候。

课题研究：

人类活动与全球变暖

研究内容： 科学家在研究人类活动与全球变暖之间的关系。

研究团队： 英国哈德利气候预报和研究中心的杰夫·詹金斯博士及其他科研人员。

研究过程： 詹金斯博士与其团队将温室气体、太阳照射以及火山排放物等导致气候变化的数据输入电脑进行分析。结果表明，尤其是在近三四十年里，气候变暖大多是由人类活动造成的。

第三章 过去与未来

研究结论：自20世纪70年代中期以来，全球气温急剧上升，人类活动或许是造成这一结果的实质性因素。借助于冰核记录、树的年轮记录以及其他资料，詹金斯博士与他的团队证实，大约1000年以前并没有发生气温上升的现象。詹金斯博士认为是人类导致了全球变暖——不过，人类也有能力控制它。

第四章　预测未来

测量变化

为了搞清楚地球气候的运作方式以及预测未来的气候，科学家使用了被称作气候模型或计算机模型的大功率计算机程序。科学家将数据输入模型，但是，由于数据通常都是极难记录的测量结果，因此，结果不会完全准确无误。正因如此，有些人会质疑这些模型的价值。

云的形成

理查德·林德森是美国麻省理工学院的地球、大气与行星科学系的气象学教授，他认为气候模型不会很好地说明云的形成的物理学特征，气候模型最终会夸大二氧化碳的变暖效应。他说："地球气候变化是一个很复杂的问题，以前它就发生过剧烈变化——变化是气候的常态，近些年我们开发的模型不能解释任何一个重大变化，有些模型甚至连一些短期的变化都解释不了。"

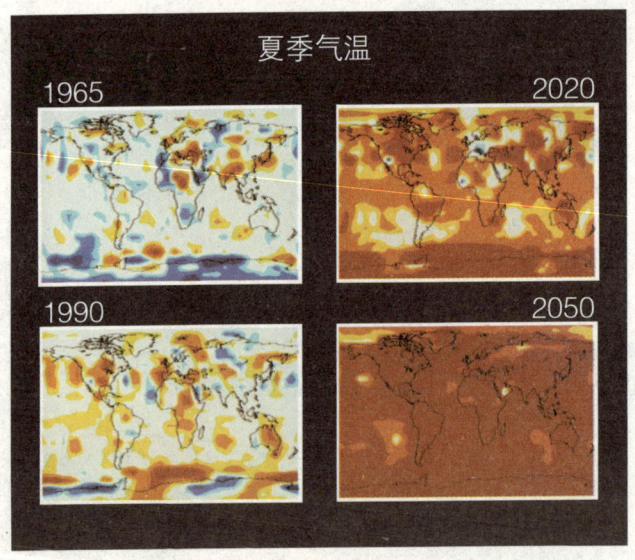

◀ 这些计算机生成的图形表明从1965年至2050年间地球表面大气温度的预期增高。这些图像是由美国国家航空航天局戈达德研究所空间研究部门制作的。这些图像表明，假如二氧化碳、甲烷和氟氯烃等温室气体仍以现在的速度增加的话，地球还会变暖。

▲ 通过燃烧矿物燃料给我们的车提供动力,我们把更多的二氧化碳和烟垢、灰烬、硫黄,以及其他污染物排放到了大气层中。

变暖警告

　　政府间气候变化专门委员会由来自60个国家的顶尖气候学家组成。1988年,联合国环境规划署和世界气象组织成员成立了这一机构,以便更好地认识气候变化。从那以后,政府间气候变化专门委员会已经调查了全球变暖的方方面面。

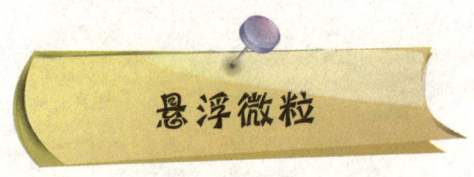

现在，许多气候模型都包含了云团及空气中的颗粒物，即悬浮微粒。有些悬浮微粒源自自然资源，如火山、植物和海浪，其余的则源自矿物燃料燃烧及人类活动。人类造成的悬浮微粒占大气层中悬浮微粒总量的10%左右，大部分集中于北半球。科学家还不确定到底悬浮微粒会让地球变暖还是变冷，但是，悬浮微粒的确是全球气候谜语中的重要组成部分。

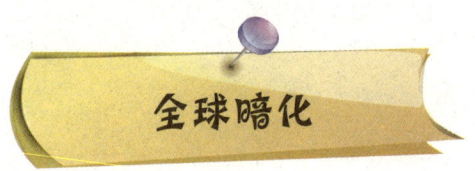

抵达地球的太阳能量减少时就会发生全球暗化现象，这似乎是由矿物燃料、汽车、发电厂和火灾等导致的空气污染引起的。这些污染将太阳光反射回太空，阻止其抵达地球表面。这些污染也会介入云团，使其形成小雨滴，这会让云团变淡并且停留

▲ 一名研究人员在南极洲放置了一台记录器,以便测量光照。

很长时间。科学家担心暗化会阻止海洋吸收太阳的能量,进而影响全球降雨模式。全球暗化最初由在以色列工作的英国科学家格里·斯坦尼尔提出。斯坦尼尔对比了以色列20世纪50年代与现在的光照记录,他惊讶地发现太阳辐射大幅下降。现在看来,温室气体造成的全球变暖正在被全球暗化所导致的变冷所抵消。

全球变暖

科学生涯

乔安娜·黑格教授是英国伦敦帝国学院空间与大气物理系的大气物理学家,她研究气体和云团等大气成分是怎样吸收并分散太阳辐射的。

一日掠影……

黑格教授从事的大部分气候与气候变化的研究工作是通过使用大气及海洋计算机模型进行的。她说使用气候模型模拟近期变暖现象的唯一可能方式就是把温室气体包括在内。为了看清楚近期变暖现象是如何产生的,就需要把温室气体的上升加入模型。气候模型采用的近似值约为200千米宽×2千米深,计算机需要运行很长时间。因此,实验设计必须极其详细。

斯人斯语……

"这项研究很重要,因为它有助于我们了解以前气候是怎样变化的,近期的全球变暖又有多少是自然因素造成的。我希望能够解释,无论太阳辐射发生了多么小的变化,都会在世界不同地方的气候记录上体现出来。"

21 全球变暖

▲ 未来，地球表面的大部分地区可能看上去都像非洲南部的纳米比沙漠，那里白天的温度会高达50摄氏度。

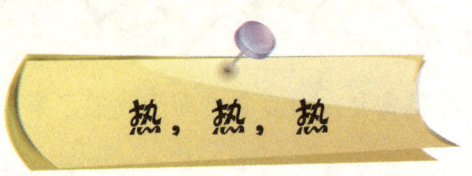

热，热，热

自从人类做记录以来，地球气候一直很稳定。据科研人员说，地球在下一个世纪会变得更热，到2100年，平均气温会上升1.4摄氏度到5.8摄氏度的可能性有90%，这比过去1万年里的任何一次变化都大。这有可能使海平面上升15—95厘米，同时引发诸如洪灾、干旱、热浪和飓风等极端天气条件，并造成动植物灭绝。政府间气候变化专门委员会指出，即使废气排放在2100年停止增长，气候还会继续变暖，至少会持续到22世纪。

重要的云团

云团对调节温度起着重要的作用,它会把太阳辐射反射到太空中去,也会像温室效应那样减少热量损失。然而,这些效果都取决于云团的深度、密度以及维度,无论云团是由水和冰还是颗粒状的东西组成的。密度大、含水的积云能把许多太阳辐射反射到太空里去,使大气层免照射进来的太阳辐射。密度小、含冰的卷云不是很好的遮阳板,却是高效的绝热板,它可以捕获从地球温暖的表面蒸发上来的能量。有了云团,地球就会少受大气层中温室气体增加引起的变暖效应的影响,然而许多科学家警告说,我们不应该指望云团使我们免受气候变化的影响。

▲ 如果地球气温上升的话,就可能造成不可预测的极端天气条件,包括干旱与洪灾。

第四章 预测未来

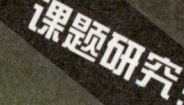

研究内容： 最新的一项研究显示，在过去的35年里，全世界强飓风的数量几乎翻了一番，这一变化是自全球海面气温升高后发生的。

科学家： 美国麻省理工学院的凯利·伊曼纽尔是一位大气学科学家，他主要研究热带气象学与气候，他也是飓风研究的顶尖专家。

研究过程： 伊曼纽尔博士的研究工作能使他制作

出地球大气层的模型并预测未来飓风会引发什么。他说："普通飓风释放出的能量似乎在过去的30年里增长了70%左右。"

研究结论：伊曼纽尔博士指出，当前和未来的全球变暖可能会增加飓风的毁灭性。尽管现在发生的飓风没有以前多，但现在发生的飓风比以前的要剧烈得多。

▲ 北极冻原的下层土是永久冻土。在俄罗斯的西伯利亚、美国阿拉斯加以及加拿大有大面积的冻原。

预报效应

当科学家调查全球变暖的原因以及气候效应的时候，他们经常得出令人吃惊的结果。2001年，美国气象学会发表了吸引媒体注意的研究。该研究声称太平洋可能会打开一个"排热口"，并将足够能量释放到太空中，以便降低由大气层中温室气体积累导致的未来气候变暖。科学家注意到，当海面温度增高的时候，西太平洋上空的云团似乎在减少，它会让热量逃逸并使海洋保持凉爽。研究人员分析了从澳大利亚到日本再到夏威夷的一片广阔海域的卫星观测数据，假如这个出口得到证实，它就能极大地减少预想中的对全球变暖的评估。

融化永久冻土

有些具有极冷气候的国家拥有永久冻土——永远冻结的土地。假如永久冻土解冻了，建造在上面的建筑物会变得不安全，当地的野生动物会面临威胁，温室气体也有可能从土壤中释放出来。科学家认为永久冻土融化的速度可能会比预想的快三倍。没人知道是不是全球变暖导致了其融化，但令科学家关切的是，这有可能加快全球变暖。美国密歇根州立大学的梅里特·图雷茨基主持了一项横跨加拿大广袤地区的研究，他希望证实冻土融化会引发碳温室气体的释放，这些碳在成千上万年里一直封存于冻土中。他的研究发现令人吃惊，额外的碳排放促进了植物的生长，进而吸收了二氧化碳。但是，该报告警告说，永久冻土的融化会导致洪灾，这又会增加甲烷的排放。甲烷比二氧化碳更具威力，它更有能力捕获地球大气层中的热量。

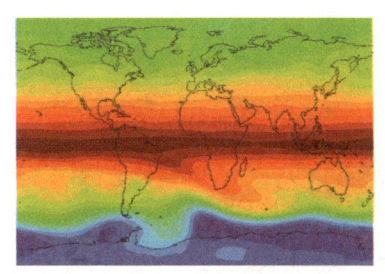

▲ 这幅图显示的是2004年平流层中甲烷的浓度。

课题研究：

融化的永久冻土与气体排放

研究内容： 科学家想找出证据证明融化的永久冻土会从土壤中释放二氧化碳。

研究团队： 来自科罗拉多的美国国家大气研究中心的戴维·劳伦斯及其团队。

研究过程： 借助于计算机模型，戴维·劳伦斯在国家雪冰数据中心主持了一项有关永久冻土融化的研究。据信，北极地区土壤中的碳含量占世界所有土壤中碳含量的30%，他不无担忧地警告说:"我们的研究表明,在未来的几年内,如果海冰继续快速缩减的话,北极大陆变暖及永久冻土融化将会加速。有个十分重要但尚未解决的问题是,北极脆弱的生态系统将会怎样应对这种快速变暖。"

研究结论:劳伦斯博士担心的是,永久冻土可能会持续快速减少,这可能会加速海岸侵蚀以及甲烷的排放。

21 全球变暖
st CENTURY SCIENCE

▼ 1993年，在阿拉斯加湾，随着大量的鱼游向较冷的水域，12万只海鸟被饿死了，因为它们无法潜到更深的地方去捕获鱼。

预测问题

大多数科学家一致认为气温升高可能会引起变化和问题，包括海平面上升和许多动植物灭绝。

洪灾与污染

20世纪，海洋升高了18厘米左右。有一项预测指出，随着冰川与冰盖的融化，在21世纪，海洋还可能升高50厘米左右。另一项预测指出，到了2050年，荷兰、印度以及孟加拉国的1.5亿人口将会由于水平面上升而无家可归。河堤有可能溃堤，部分地区会发生洪水。作为鱼类和其他海洋生物栖息地的海滨沼泽也有可能被毁灭。在地表下，海平面上升会把咸水带入内陆，污染无数人使用的淡水井。

▲ 哥斯达黎加雾林中的金蟾蜍自20世纪80年代以后就再没人发现过，这很可能是全球变暖造成的。

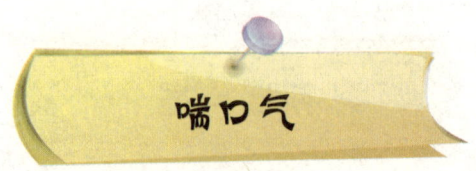

在2005年11月,有个新闻摘要播报说气温上升正在威胁着鱼类。一般而言,鱼的新陈代谢在温水中会加快,但是,食物供应不够会减缓它们的生长和繁殖速度。鱼从水中过滤氧气,但随着气温的升高,溶解到水中的氧气量变少了。所有的鱼类都可能会迁徙到较冷的水域中,这会导致其他以鱼为食的物种饿死。

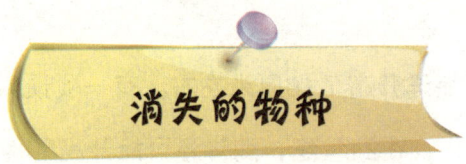

科学家警告说,如果不采取措施减缓全球变暖的话,有100万种生物——这是全世界动植物总数的1/4——可能会在未来50年内灭绝。气候变化会带来压力,并使动植物易受感染,从而杀死动植物。全球变暖破坏并减少了它们的栖息地。以前,几千年才会发生一些变化,但是,现在气候变化得非常快,有些物种好像已经灭绝了。

科学生涯

纳塔莉·佩托雷利博士是英国伦敦动物园动物学研究所的研究员。

一日掠影……

佩托雷利博士借助卫星预测哪些物种因为全球变暖而面临灭绝的危险。她借助空间照片研究可供野生动物食用的植物。她能说出气候变化给广袤的未被人类开发的地区带来的影响，并能预测在气温上升、草地变为沙漠的情况下哪些物种所受的影响会更大，以植物为生的动物有大象、南非林羚和羚羊，还有受间接影

21 全球变暖

响的肉食动物，包括狮子、猎豹等。

斯人斯语……

"这的确是十分重要的进展，它有助于我们在不断变化的气候条件下确定环境保护的当务之急。虽然我们无法改变一些情况，如偷猎的强劲势头、食肉动物的密度或者土壤养料的状况，但我们能够报告卫星指标与大量野生动物之间的关系。这表明卫星数据与大量野生动物之间的潜在关系要比初期分析的结果紧密得多。"

人类健康

全球变暖可能会给人类健康带来许多负面影响。以前,在北半球,较暖的气候会减少冬季疾病与流感传播。但更多的是负面的,如高温会给身体带来更大的压力,而且热浪会导致很多人死亡。

植物与食物

在较为温暖的天气下,靠花粉成长的植物到底会茁壮成长还是会逐渐消亡,人们对此争论不休。假如植物生长繁茂的话,花粉热及哮喘等变应性疾病的发生率就会增加。许多地方的土

▶ 2008年,龙卷风纳尔吉斯袭击了缅甸的一个村落后,孩子们从洪水中走过。这是该国历史上最严重的一次自然灾害。

第四章 预测未来 111

壤会很干燥，这有可能阻碍植物生长，也会耗尽给我们提供维生素的食物供应。更为频繁和严重的干旱最令人担忧，它会严重影响我们的食物产量。

极端天气

假如预报的更为极端的天气状况果真发生的话，飓风、龙卷风及其他灾变天气可能会让人连干净的水都没得喝。假如食物和水资源深受影响的话，营养不良就会加剧，人的免疫力就会降低。害虫和疾病会根据气候变化发生改变，其危害可能会更大。同时，稀薄的臭氧层会让更多的紫外线照射进来，那样会导致皮肤癌。这会减弱人的免疫系统，会使人更容易生病。

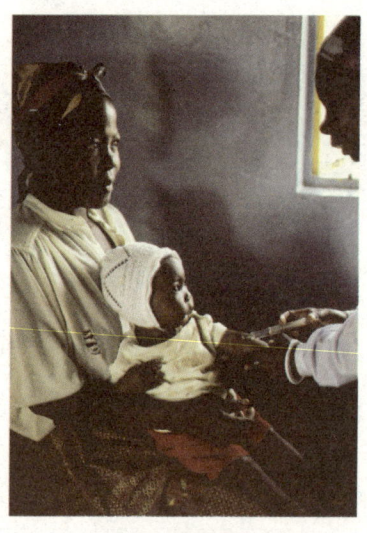

▲ 靠打针使人对某些疾病产生免疫力是可能的，但是，开发疫苗需要金钱和时间。

科学生涯

约翰·哈特博士是美国加州大学伯克利分校的环境科学教授。

一日掠影……

哈特博士对地球变暖效应的研究已有30年。通过在一个封闭区域——他选择的是科罗拉多州——模拟变暖的世界,哈特博士可以"看到未来"。他说,我们现在的气候模型对未来变暖的最大值估计不足。他预测说,地球会经历干旱、水供应缩减和海平面上升,这可能会导致南太平洋岛国的完全消失。将来会出现热浪"杀手",还有我们从未经历过的更长时间的高温,这些情况会使世界上所有人的生活非常不适并且非常不健康。

斯人斯语……

"这个实验告诉我们生态系统是如何应对气候变化的,以及这些生态系统的反应会如何加速全球变暖,进而造成更快的海平面上升,产生更强烈的风暴、干旱以及与全球变暖相关的所有问题。因此,这个实验显示,控制矿物燃料消费的问题对我们来说是很紧急的。"

第五章　政府和你

采取行动

许多人认为全球变暖会导致极端天气条件,但是,如果全球变暖真是罪魁祸首,并且是人类活动造成的话,政府和各界在做什么?特别是在自然灾害面前,他们又在做什么?

21 全球变暖

◀ 2007年,美国前副总统艾尔·戈尔与政府间气候变化专门委员会分享了诺贝尔和平奖。

承担责任

随着地球大气层的变暖,产生了持续时间更长的干旱、强度更大的降雨、更为频繁的热浪和更为严重的风暴。海洋气温升高会引起这些极端天气条件,所以全球变暖饱受责难。2005年7月,史上最严重的干旱引起了西班牙和葡萄牙的野火,使法国的水位遭遇30年来的最低值,在美国的亚利桑那州造成了致命热浪,一周内有20多人命丧于此。同年8月,卡特里娜飓风破坏了美国路易斯安那州的新奥尔良市。一个月后,丽塔飓风——史上

▼ 我们该思考如何保护地球并控制全球变暖。人们正在采取不同的限制矿物燃料的措施,比如发展风力田。

排名第四的大西洋飓风——造成美国墨西哥湾地区100亿美元的损失。7月和8月的所有疯狂天气发生于同一年，早些时候，美国的新英格兰地区发生了一场致命的冰风暴，期间，每小时200公里的暴风造成了斯堪的纳维亚的许多核电站关闭，爱尔兰和英国的无数人口因此无电可用。

快速行动

2005年9月，在美国纽约召开了由美国前总统比尔·克林顿领导的称作"克林顿全球倡议"的一场重要会议，气候变化是其中的一项重要内容。发言者解释说，研究表明像卡特里娜飓风和丽塔飓风这种极端天气条件都是全球变暖的后果。他们建议世界上所有的政府都应立即采取行动。

21 全球变暖

▼ 全世界都有对全球变暖的抗议,这是在日本,抗议人士正在呼吁政府改变其政策。

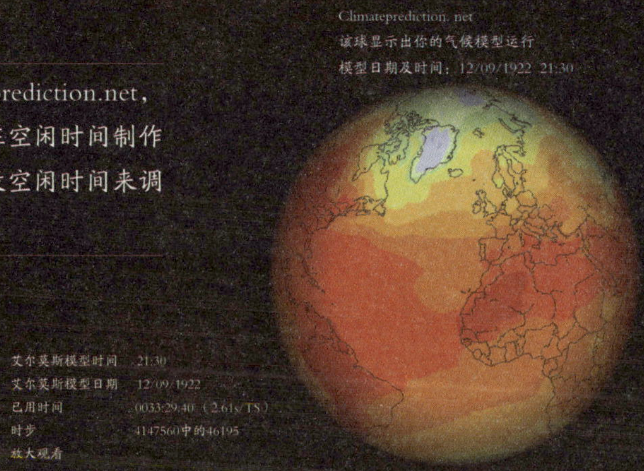

▶ 该图像来自Climateprediction.net,是用公众个人电脑在空闲时间制作的。科学家利用这段空闲时间来调查气候情况。

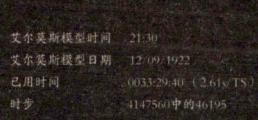

Climateprediction.net
该球显示出你的气候模型运行
模型日期及时间:12/09/1922 21:30

艾尔莫斯模型时间   21:30
艾尔莫斯模型日期   12/09/1922
已用时间   0033:29:40（2.61s/TS）
时步   4147560中的46195
放大观看

我们来得及吗?

大多数科学家一致认为,我们不该等到完全弄清楚是什么造成了全球变暖之后才去付诸行动改变它。采取行动来减少排放到大气层中的温室气体,这就叫"防范原则"。为了减少空气中二氧化碳的含量,我们应该减少矿物燃料的使用。因为二氧化碳在大气中的存在时间相当长,所以,减少二氧化碳的排放要过很多年才能看到其对气候产生的效果。

政府行动

1997年,在日本京都的一次会议上,38个工业国家一致同意到2010年将其二氧化碳气体和其他五类吸热气体至少减少到1990年水平的5.2%,这被称为《京都议定书》。尽管这次会议制定的计划并未完全实现,但这表明很多国家对气候变化感兴趣。《京都议定书》就是基于对防范原则的遵循。

科学生涯

汤姆·威格利博士最近在美国科罗拉多州的国家大气研究中心任高级科学家一职，此前他是英国诺里奇东英吉利大学气候研究所的主任。他解释了过去的气候变化，并对将来的变化进行预测，为的是查明人类的影响。

一日掠影……

威格利博士开发并利用计算机模型预测可能会长期升高的地球气温。他预测矿物燃料使用的持续增长会有许多潜在的危险，他也考虑到了一些针对减少矿物燃料气体排放的事例。这些实验表明，为了把未来气候变化保持在一个可以容忍的水平，我们必须尽快减少气体排放。

斯人斯语……

"科学家是知识领域的探索者，为了增加知识并看到更远的未来，他们总是努力寻找不同事物之间的关系。在全球变暖的研究中，这是最为重要的，我们现在的行为会影响到未来的几代人。要让未来更美好，那就需要增加我们的知识，以及加深对现在的环境的了解。"

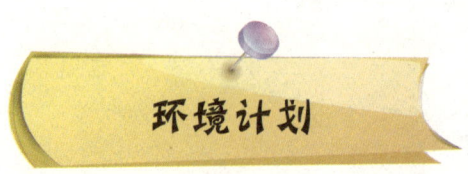

《京都议定书》是183个国家为了减少温室气体的排放而制定的协议。1997年，在日本对该协议进行表决，2005年2月俄罗斯加入后，该协议生效。各个国家基于自身的工业及经济状况有不同的减少二氧化碳气体排放的任务。

《京都议定书》涉及的所有国家都需要完成它们的任务，但有一些国家开始质疑这是否是一个正确的解决办法。例如，澳大利亚和美国签署了该协议，但拒绝执行。澳大利亚政府和美国政府质疑计算机模型的预测结果，并认为减少温室气体排放会在它们国家造成更多的经济困难，却对环境没有足够的益处。它们说它们参与了减少矿物燃料气体排放的其他计划。发达国家依靠

▲ 政府不得不权衡矿物燃料气体排放的长期威胁。

矿物燃料发电，但某些国家用的比其他国家多得多。比如，大约25%的二氧化碳的排放源自美国。中国可能会取代美国而成为世界最大的二氧化碳排放的国家，除非它不愿成为一个过多使用矿物燃料的国家。

第五章　政府和你

交易信用额

有些国家减少的温室气体排放量远远多于协议里的规定，它们可以把"碳信用额"卖给那些还未达到规定水平的国家，这就叫做"排污交易"。欧盟排放交易体系允许这么做，《京都议定书》也有类似安排。富裕的国家也可以"购买"其他国家的二氧化碳排放限额，这就叫做"清洁发展机制"，其用意在于奖励工业化国家和公司，它们给发展中国家提供设备及资金，帮助其减少对矿物燃料的使用。

▶ 2005年，成千上万的人们在加拿大蒙特利尔市的大街上游行，抗议全球变暖。

课题研究:

健康与气候

研究内容: 2009年,联邦卫生部长们在瑞士日内瓦召开了一场会议,商讨健康与气候变化之间的关系。潜在威胁有热浪、洪灾、各种传染病,以及成千上万的人口因为缺水及海平面上升而背井离乡。

研究团队: 这项研究由英国伦敦卫生和热带医学院的教授安德鲁·海恩斯爵士主持。

研究过程: 科学家在研究气候变化是如何影响发

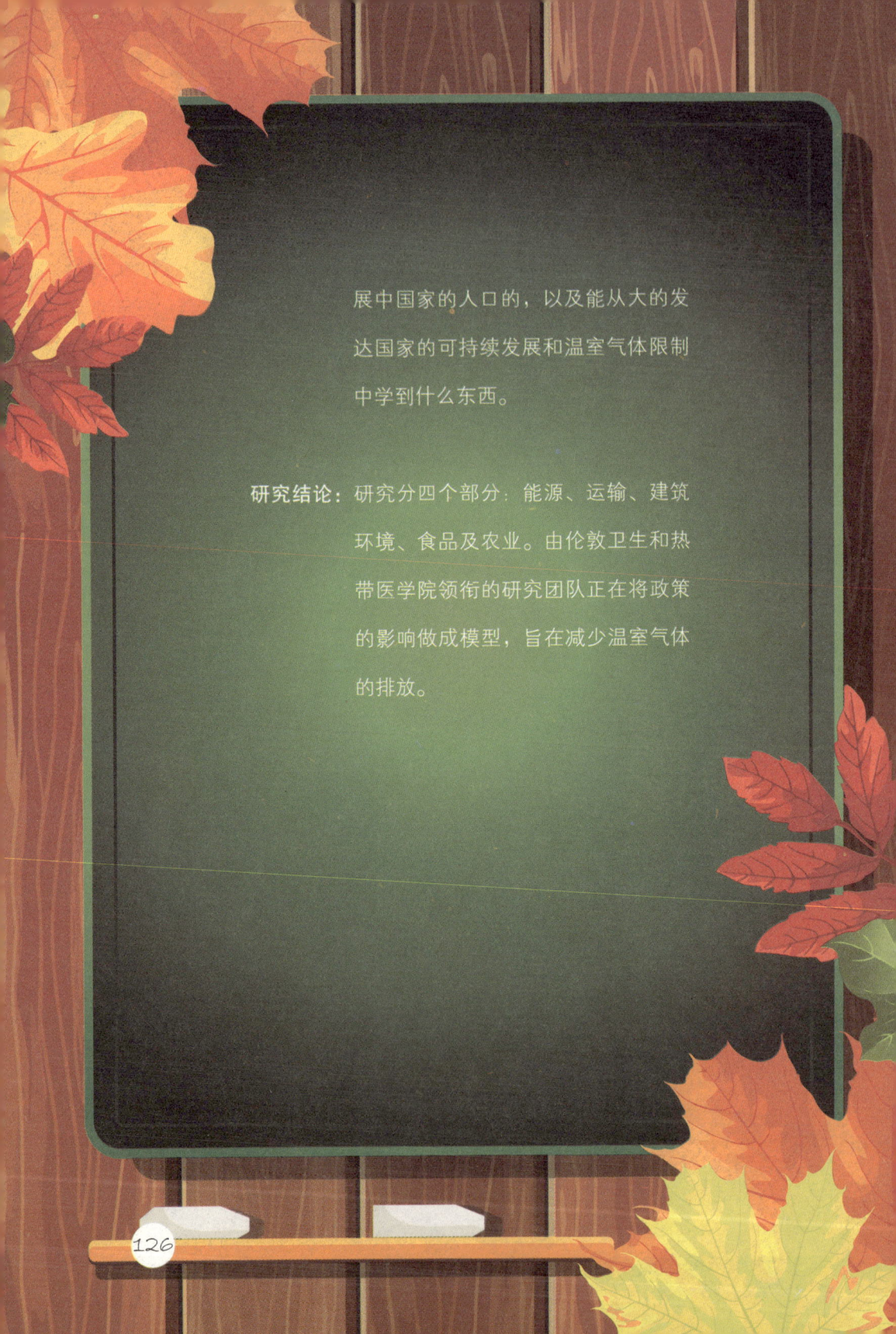

展中国家的人口的,以及能从大的发达国家的可持续发展和温室气体限制中学到什么东西。

研究结论: 研究分四个部分:能源、运输、建筑环境、食品及农业。由伦敦卫生和热带医学院领衔的研究团队正在将政策的影响做成模型,旨在减少温室气体的排放。

未来的科学家

如果全球平均气温只升高2摄氏度，气候变化也会产生灾难性影响。因此，我们应该寻找矿物燃料的替代品，并且发展有益环境的新技术，这至关重要。现在，人们正在研究减少矿物燃料使用的产品，如节能汽车、节能洗衣机和节能冰箱。

▲ 世界野生动物基金会的"熊猫"气球在巴西阿莱格里港的瓜伊巴河上空飞翔。2005年，超过10万的环境活动家参加了在那里举办的世界社会论坛。

新技术

1969年，美国麻省理工学院的教师和学生由于担心社会上对科学技术的误用而创立了科学家关注联盟。科学家关注联盟及其

他科学家都说我们拥有减少温室气体排放的技术和创新能力——我们只需要将其在全世界付诸实践并创建一个美好的未来。

　　有些大的燃料公司提供赞助，支持世界上一流大学开展的科研活动，受到赞助的有美国加州斯坦福大学的一项为期三年的研究项目、英国伦敦帝国大学的一项为期五年的研究项目，以及中国社会科学院/清华大学的一项为期十年的研究项目（目的是开发新"清洁技术"）。世界野生动物基金会是一个致力于限制并减少全世界二氧化碳排放的组织，该组织已经开展了两项计划：面向工商业领域的气候拯救计划和面向电力公司及供给部门的电源开关计划。

◀ 这个科学家正在研究不同品种的水藻。这些微生物能把二氧化碳转化为糖，也能被加工制作成食用油和生物柴油，变干后可作为肥料或动物饲料，还可以当成有机燃料使用。

课题研究:

气候拯救计划如何发挥作用

研究内容:世界野生动物基金会希望向人们表明,未来的公司致力于研究并开发新的技术,以便减少全世界对矿物燃料的依赖。

研究团队:世界野生动物基金会的科学家从三个方面处理气候变化:影响气候政策、与影响力大的伙伴进行合作、防范未来气候变化的影响。

研究过程:世界野生动物基金会的合作伙伴证

第五章 政府和你

实，减少温室气体排放的解决办法对公司而言是很划算的。所涉及的有强生、美国国际商用机器公司、耐克、宝丽来、佐川急便（日本）、拉法基（法国）、利乐（瑞典）以及诺和诺德（丹麦）等公司。电力公司和公共电力供应商占二氧化碳排放的37%。世界野生动物基金会的七个电力开关项目合作伙伴将于2020年使用更为清洁的能源。

研究结论：这些公司与其他公司正在探索新技术，以便开发更高效的能源生产方式，而不必使用矿物燃料。

永久能源？

即使全球变暖不算个问题，矿物燃料也会消耗殆尽，现在所剩的也就能用几百年。政府间气候变化专门委员会指出，减少温室气体排放的代价比想象中的要低，而且，我们都尽力的话，到2020年就能把矿物燃料气体排放减少一半。我们也需要那些用不尽或者不会往大气层里释放二氧化碳的可再生资源，但目前为止还存在不少缺点。

1. 风电——生产成本低廉，没有污染，便于使用。风电场发电时不会产生二氧化碳，但会占用大量土地，也可能危及野生动物。

▼ 可再生能源技术包括能利用太阳热量的太阳能面板。

2. 水电——低廉、清洁，但会破坏动物栖息地并占据大量空间。

3. 太阳能——能够转化为热能和电能，其主要问题在于，太阳能抵达地球表面的方式极不规则，而且要收集到足够的太阳能还需要大片地方。

4. 地热能——通过地核的热量进行生产，替换起来很费时间，目前还不完全清楚使用地热能会产生怎样的结果。

▲ 如果我们不改变未来，全球变暖可能会导致全球海平面的上升。

5. 生物质能——利用动植物废料来生产甲醇、天然气和燃油等燃料，它成本低廉，但很难凑够数量，而且燃烧时会产生温室气体。

6. 核能——开采并加工核燃料铀时需要使用矿物燃料，许多人很关心其成本与安全性，如核废料处理，这可能会像二氧化碳一样危害环境。

科学生涯

沙法·里法特教授任职于可持续能源技术专业,现为英国诺丁汉大学可持续能源技术学会主席及建筑技术研究所主任,他在可持续技术及生态建筑方面的研究举世闻名。

一日掠影……

里法特教授主持了许多研究课题,以便开发新的可持续产品和服务。作为这项工作的一个重要部分,他已经建造了几个被称为可持续生命实验室的独特建筑物。里法特教授在这些建筑物里评估可再生能源系统在经济和环境方面的影响。每个房子里住着一家人,他们使用可再生的或者节能设备,里法特教授的团队会对其效果进行测试。

斯人斯语……

"在可持续生命实验室里开展的许多研究重在使用新的可再生能源技术,如风力发电机、地源热泵、燃料电池以及太阳能空调。"

压力下的星球

如果矿物燃料的过度使用和采伐森林继续危害气候的话，我们现在的所作所为就可能决定冰盖存在的时间——尽管它们要完全消失还需要几个世纪的时间。适应性不如人类的野生动植物可能过不了多久就会受到影响。

未来的挑战

科学家不知道气温还会上升多少，也不知道全球变暖是不是一个自然现象，无论我们怎么做，它都会发生。未来尚不明确——有些地方也许会变得更热，而其他地方也许不会发生变化，或者会变得更冷。气体不会在原地停留，所以温室气体排放最多的国家不一定受到的气候变化的影响最大。人们也不可能预测哪些动植物会灭绝——这取决于哪些物种适应性最强。

我们该怎么办？

科学家正在想方设法将"清洁"能源转化为电能，如车用氢燃料电池。其他不太传统的解决办法包括使太阳光线改变方向，以及给海洋投放铁元素来促进能够吸收二氧化碳并消除温室气体

的藻类生长。更多的国家加入到了亚太清洁发展和气候合作组织，该组织致力于发展环境友好型技术。我们都要减少矿物燃料的使用，短途旅行时我们可以选择步行而不是驾车；不使用电灯、电脑和电视的时候要把它们关掉；减少使用含有棕榈油和硬木的产品，因为这些东西都取自雨林。既要满足人类日益增长的物质需要，又要减少温室气体的排放，这是人类面临的一个重大挑战。

▲ 骑自行车而不是驾驶使用矿物燃料的汽车有助于我们保护环境，这也是一项更为健康的运动。

第五章 政府和你

悬浮微粒：空气中的浮质，可能会让地球变冷或变暖。

水藻：在水中生长的细小、无根的植物。

哮喘：肺部气管紧缩，从而导致呼吸困难。

大气层：围绕地球的一层气体，从地球至太空绵延1000公里。

基岩：土壤、沙砾或黏土下方的坚固岩石。

浮标：一种用来装载设备或引领航船的漂浮物体。

二氧化碳：大气中自然产生的一种气体，对生命十分重要。植物死亡并腐烂、焚烧森林或化石燃料时都会产生二氧化碳。

氯氟烃：即氯氟化碳，是一种气体化合物，其中含有氯、氟、碳，广泛应用于冰箱、空调等产品。

气候：一段时期内某一地方的平均天气。

凝结：使气体或水蒸气转化为液体。

珊瑚礁：一种色彩多样的海底山脊，由一些具备坚硬、石质骨骼的微小海洋动物堆积而成。

地核：地球的炽热、半液态中心。

采伐森林：清除大面积森林。

生态建筑：一种不会危及环境的楼宇。

生态系统：一种天然的动植物体系，所有物种相互作用并与其周围环境相互影响。

侵蚀：地球表面在风、水及海浪的作用下发生磨损的现象。

蒸发：液体变成气体的现象。

化石燃料：一种不可再生能源，如煤、石油及天然气，它们都由化石化了的动植物形成。

冰河：由融化了的雪、冰以及岩屑形成的巨大冰川。

温室效应：地球的大气层捕获太阳的热量就会产生温室效应，大气层中的二氧化碳、水蒸气以及甲烷等气体都会导致温室效应。

温室气体：一种气体，如二氧化碳，它可以在地球大气层中捕获太阳的热量。

湾流：北大西洋的一股暖洋流，对欧洲西北部的影响很大。

半球：以赤道为准划分出来的地球的两部分。

冰层：面积巨大的冰，可能有好几公里厚，也叫做冰冠。

工业革命：指1760年到1830年间英国发生的一次巨大的社会与技术变革，从此以后机械化生产取代了人工劳动力。

小冰期：欧洲、北美和亚洲地区在1400年至1900年左右经历的一段寒冷时期。

海洋生态学家：研究海洋生命及环境的科学家。

中间层：是地球大气层的一片区域，位于距离地球表面50—80公里的上空。

不可再生资源：指被人类开发利用后，在相当长的一段时间内不可能再生的自然资源。

臭氧层：一层稀薄的气体，可以过滤太阳辐射的有害的紫外线。

永冻层：地球上寒冷地区永久冰冻的土地。

光合作用：绿色植物借助阳光由二氧化碳和水制造养分的过程。

降水：从天而降的各种水，比如雨水。

辐射：以射线、波浪或微粒形式传播的能量。

无线电探空仪：在高空中测量天气的气球。

无线电探空测风仪：用雷达跟踪的无线电探空仪。

物种：一群具有相似特征的生物。

平流层：距离地球表面50公里的大气层。

可持续技术：将科学应用于发展高效节能并无污染的技术。

热层：地球大气层的上层

蒸腾作用：植物释放水蒸气的过程。

对流层：距离地表大约6—10公里的大气层，各种天气情况都会发生。

紫外线：阳光中的不可见的辐射，对人体有害。

水蒸气：大气层中以不可见气体形式存在的水分。

天气：地球大气层中的气温、风、降水等日常状况。